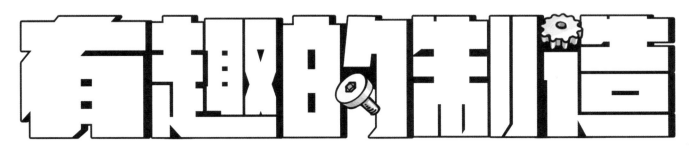

有趣的制造

旅途好惊喜

张金妙　滕意　著

何月婷　绘

中信出版集团 | 北京

爷爷，先告诉我地球仪是怎么做的吧。

北半球

南半球

地球仪呀，其实就是把平面的纸做成球。

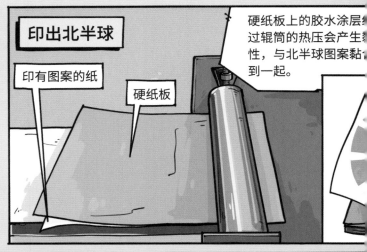

印出北半球

印有图案的纸

硬纸板

硬纸板上的胶水涂层经过辊筒的热压会产生黏性，与北半球图案黏合到一起。

压成北半球

表面图案层

支撑纸板层

用同样的方法，冲剪出支撑用的纸板。

图案层和相同形状的纸板层，被半球形的热压模具大力冲压延展成半球面。

组装地球仪

由支撑箍和胶水，将两个半球结合。

在接缝处贴上一圈胶带，突出赤道位置。

在北极点打上小孔，作为定位点。

在机器的大力冲剪后，去除多余纸张。

在赤道位置精修边角。

再用同样的方法制作出南半球。

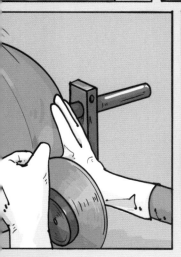

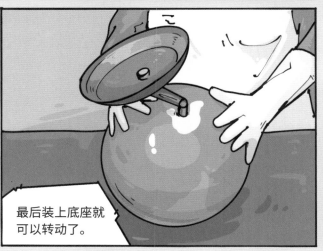

最后装上底座就可以转动了。

选好地方了没？

我要去看大海！

想知道这个皮和核是怎么去除的吗？

哇，飞机餐里有我爱吃的黄桃！

清洗黄桃后，圆铲顺着桃子的缝线，把它对半切开。

桃分两半

常见的去皮方法，是先用水蒸气把桃皮蒸到皱缩。

蒸……

蒸汽去皮

再用冷水浸泡桃子，肉会收缩，果皮会泡涨，从而皮肉分离。

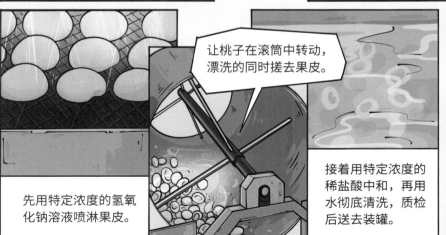

让桃子在滚筒中转动，漂洗的同时搓去果皮。

先用特定浓度的氢氧化钠溶液喷淋果皮。

接着用特定浓度的稀盐酸中和，再用水彻底清洗，质检后送去装罐。

灌装糖水

在热水中加入砂糖，搅拌均匀。

原来是用了挖核刀！难怪这个窝这么光滑。

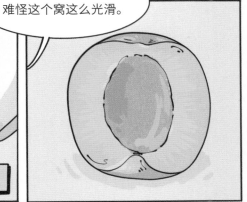

挖去桃核

人工质检的同时剥去残留果皮，就可以送去装罐了。

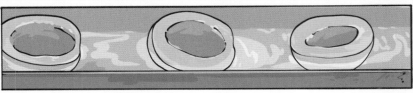

碱液去皮

另一种方法，是用碱液去溶解果皮的中胶层，从而分离果皮。

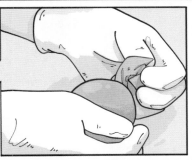

淋满糖水后，送去封装灭菌。

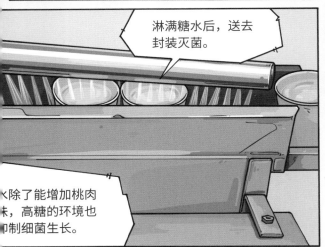

水除了能增加桃肉……味，高糖的环境也……抑制细菌生长。

难怪黄桃罐头特别甜呢！

少吃点，你妈特地叮嘱过让你少吃糖！

海边的大太阳，很刺眼啊！

还好我戴了墨镜！这次想知道它是怎么做的。

常见的眼镜框架，是由新型塑料——醋酸纤维制作的。先加热板材来提高延展性。

叮！

镜框模板

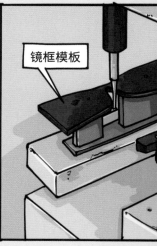

制作镜腿

用钢板刀切出镜腿，再送去打磨。

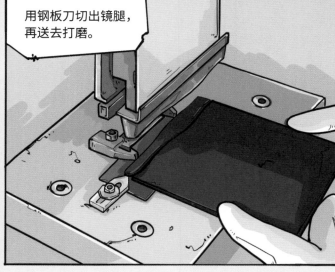

要让镜腿更坚固，还得在加热后插入钢丝芯。

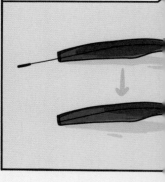

在板材内切割出眼镜的内框。

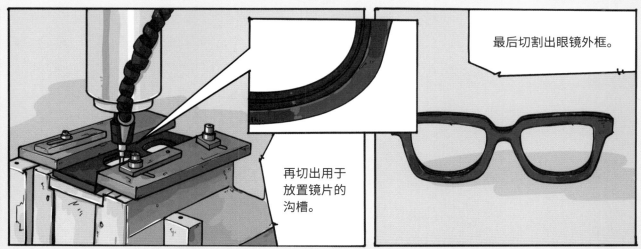

再切出用于放置镜片的沟槽。

最后切割出眼镜外框。

在雕刻机上，按照模板联动切割出立体的鼻托等部位。

在装满研磨石的滚筒里打磨镜框，去除毛刺。

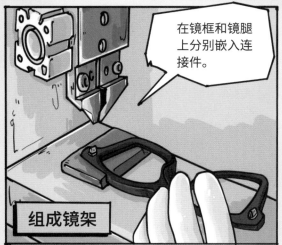

在镜框和镜腿上分别嵌入连接件。

组成镜架

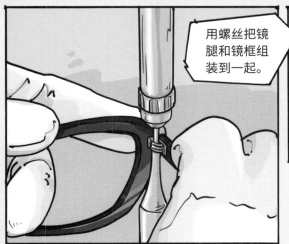

用螺丝把镜腿和镜框组装到一起。

原来如此！那墨镜的镜片又是怎么做的啊？

压制镜片

在制作玻璃的原材料中加入深色的着色剂。

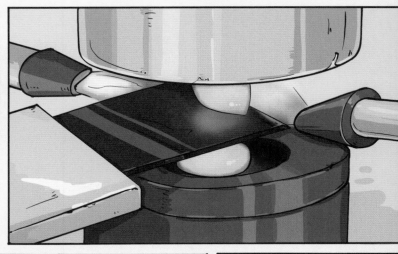

打磨镜片

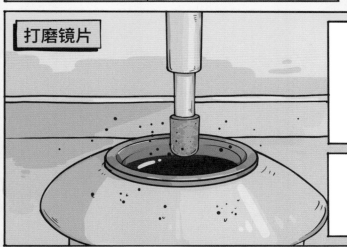

不同度数的镜片对应不同的弧度，由机器精准打磨。

墨镜涂层

镜片被批量送去喷涂表面。

我们常见的墨镜片颜色上深下浅，这是在多次喷涂的过程中，通过遮挡做出的渐变效果。

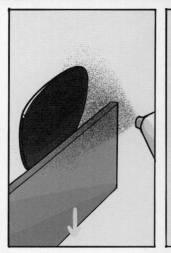

一段高温熔融的玻璃液，
在模具中。

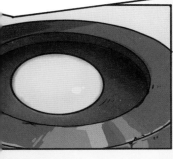

凸模下压，把玻璃
冲压成弧形。

镜片模板

待打磨镜片

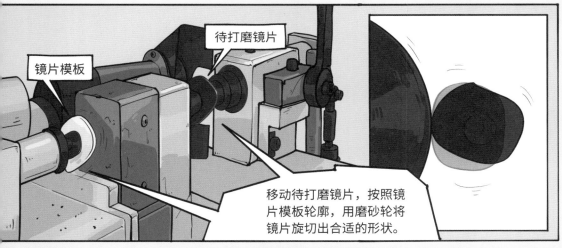

移动待打磨镜片，按照镜
片模板轮廓，用磨砂轮将
镜片旋切出合适的形状。

最后把镜片嵌
进镜框。

再在镜片上
喷涂稀薄的
半镀银层，
达到反射阳
光的效果。

完成！

这是在风干鱿鱼呢!

爷爷,这甩的是什么,鱼吗?

除了旋转风干,也经常用到电风扇。

室外直晒

刚收获的鱿鱼先在室外暴晒。

利用鱿鱼群的趋光性,把它们引诱上来。

放水下灯

开集鱼灯

打开成排的大灯,继续吸引鱿鱼。

收集鱿鱼

之后鱿鱼顺着斜坡,落进鱼道中被收集。

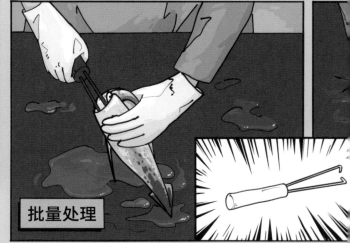

批量处理

为了避免晒焦，之后要转移到室内避光阴干，这就是在制作海鲜干货。

风干

从海里钓鱿鱼，可有意思了！

捕捞鱿鱼

鱿钓船开到鱿鱼丰富的海域。

靠雷达和声呐探测到鱿鱼群后，等到天黑。

关大灯，开小灯，将鱿鱼群集中到一个特定的范围便于捕获。

自动钓鱿鱼

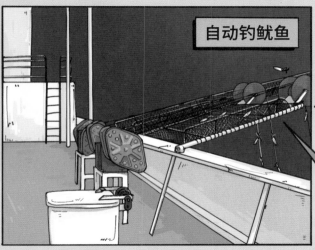

一根鱼线上串了几十个荧光的拟饵钩。

鱿鱼以为是食物，一抱住就上钩了。

等被钓上来后，将鱿鱼甩到网台上。

取鱿鱼内脏，切下触须，别保存。

集中鱿鱼肉，送去速冻。

船上速冻

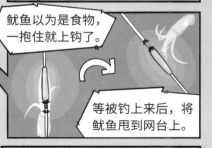

鱿鱼为什么要速冻啊？

因为捕捞地太远了，冻住了才能保鲜。

运输鱿鱼

鱿钓船继续捕捞，由运输船把鱿鱼送到岸上。

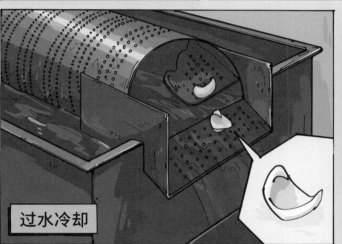
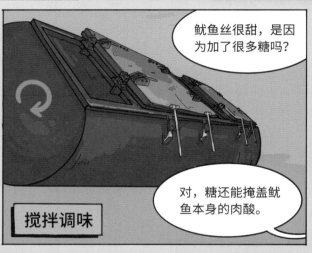

如果选用的是天然肉酸的秘鲁鱿鱼，还要加入去酸剂。

清洗

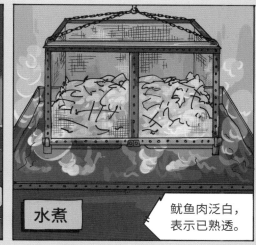

水煮

鱿鱼肉泛白，表示已熟透。

控制干燥温度，缓慢烘干鱿鱼。

铁板烘烤

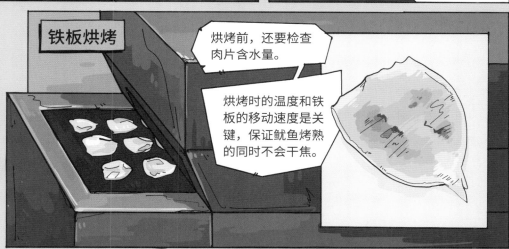

烘烤前，还要检查肉片含水量。

烘烤时的温度和铁板的移动速度是关键，保证鱿鱼烤熟的同时不会干焦。

被推进拉丝机的鱿鱼肉，会被大转盘上的钩子快速拉扯成丝！

再次调味后，干燥冷却就可以装袋出厂了。

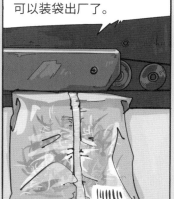

已经在流口水了……爷爷，我们现在就去买吧！

爷爷，我才刚睡醒呢，渔船就已经回来了？

打渔一般都在夜里，这是捕虾回来在卸货呢。

正好给你讲讲超市里的冷冻虾仁是怎么处理的。

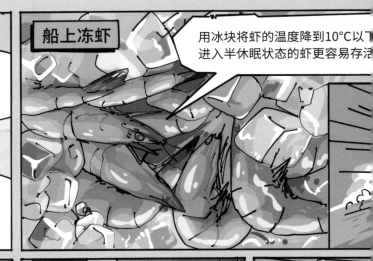

船上冻虾

用冰块将虾的温度降到10℃以下进入半休眠状态的虾更容易存活

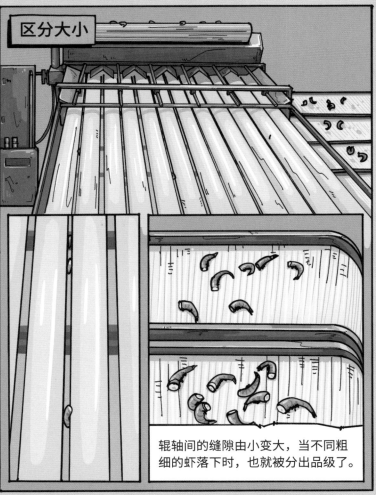

区分大小

辊轴间的缝隙由小变大，当不同粗细的虾落下时，也就被分出品级了。

提起虾尾 ❷

切开虾背 ❸

手动码虾 ❶

使虾尾的朝向一致。

叉子继续虾肉就留挡板上。

14

运去工厂

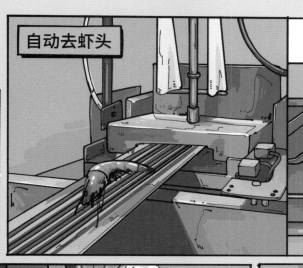

自动去虾头

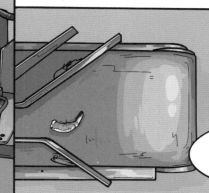

当红外感应到虾时，切刀精准下落，除去虾头。

当然，靠人工直接剥出虾仁，也很常见。

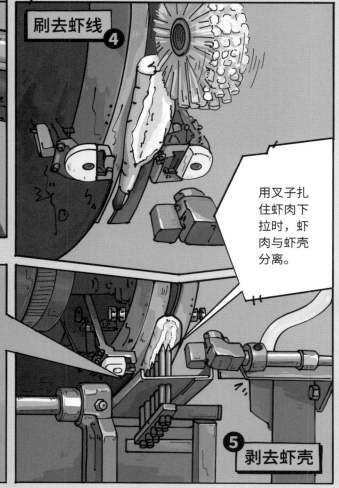

刷去虾线 ❹

用叉子扎住虾肉下拉时，虾肉与虾壳分离。

❺ 剥去虾壳

包冰衣

经过速冻的虾仁，还需要被均匀地喷上一层水雾，再次速冻形成冰衣。

怪不得超市里看到的冷冻虾仁都有层冰衣。

这层冰衣可以减少虾肉内部的水分流失。

15

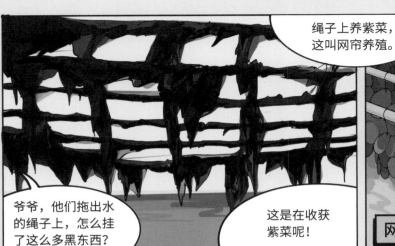

绳子上养紫菜，
这叫网帘养殖。

爷爷，他们拖出水
的绳子上，怎么挂
了这么多黑东西？

这是在收获
紫菜呢！

网帘养殖

自动

紫菜孢子在贝壳里发
育成熟后会脱落，并
黏附在架好的网绳上
生长。

分离杂物

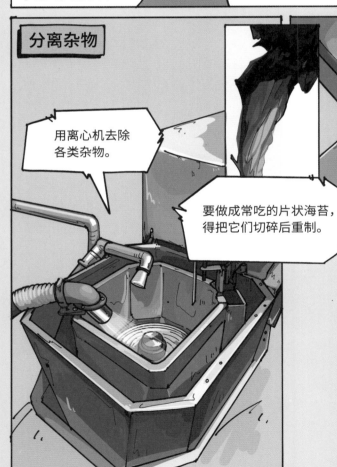

用离心机去除
各类杂物。

要做成常吃的片状海苔，
得把它们切碎后重制。

切碎紫菜

控温干燥

单片

除了人工采收，也可以靠辊筒拉动网帘，将紫菜刮落。

运去工厂

收集好的紫菜，在装袋前需要冲洗。

洗清洁

沥水定型

一定量的碎紫菜通过四四方方的管道，落入竹帘，渗出大量的水分。

海绵下压吸走水分，将紫菜定型。

刷上调味料

调味后送去烤制，就是香脆海苔了。

那紫菜也能摘了再长吗？

哇哦！中午想喝紫菜汤，吃很多海鲜。

能收获很多次哟。头次采收的叫"头水紫菜"，最鲜嫩。

靠滚轮分离紫菜和竹帘。

17

爷爷，明明只加了一勺糖，怎么能蓬成这么大的"云朵"？

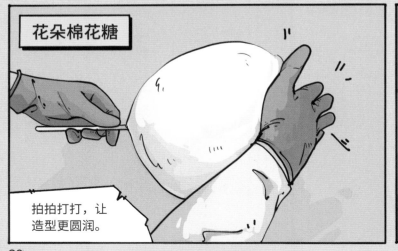

花朵棉花糖

拍拍打打，让造型更圆润。

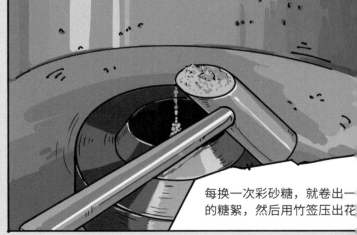

每换一次彩砂糖，就卷出一的糖絮，然后用竹签压出花

入白砂糖

白砂糖的成分是蔗糖，熔点是186℃。

底部加热装置会把蔗糖熔化成液态。

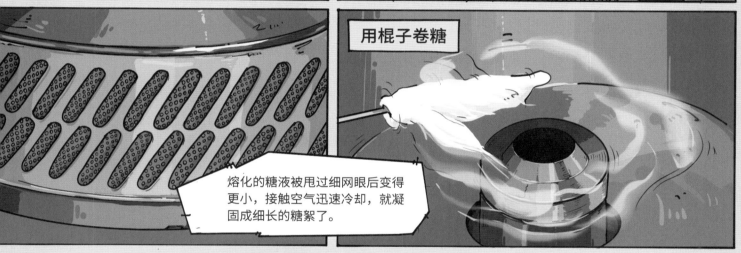

用棍子卷糖

熔化的糖液被甩过细网眼后变得更小，接触空气迅速冷却，就凝固成细长的糖絮了。

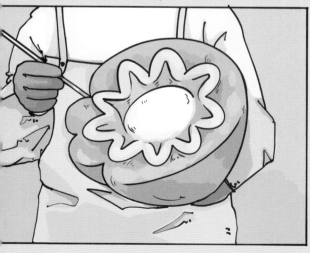

从固体变成液体，再重新变回固体的过程中，我们巧妙地改变了砂糖的造型，做出了可爱又蓬松的棉花糖。

小猴头火眼金睛啊，家里吃的在工厂就做圆了呀！

在滚圆章鱼小丸子呀！可为啥家里买来的已经是圆溜溜的？

蔬菜打底

先在半圆形模具中滴油，再用旋转下落的刷子抹匀。

放章鱼肉

升降台的凹槽把章鱼肉顶起。

机器滚圆

把半熟的章鱼小丸子翻转到空的铁板模具中。

向下挤压章鱼小丸子，使它的平底贴合模具的圆底。

放入切碎的卷心菜和大葱等。

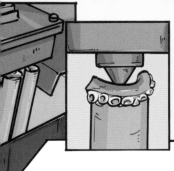

每一个负压吸嘴只会吸住一块章鱼肉。

章鱼肉被负压吸嘴转移到模具中。

再浇上面糊，加热至凝固。

重复的翻转和，就把章鱼小做圆了。

速冻装袋

在零下30℃速冻约半小时，保留住食材的风味，就可以装袋出厂了。

章鱼小丸子

爷爷，这个撒的好像木屑啊！

哈哈，是木鱼花。

木鱼？花？

23

用来做木鱼花的鲣鱼干，只是长得像木头，可不是你想的木鱼哟！

鲣鱼

去除鲣鱼的头、内脏、鳍等，只用鱼身。

鲣鱼的体形比较大，先把鱼肉分成四大块。

切块煮熟

熏制成荒节

多次的烟熏和风干，去除鱼肉水分的同时也增加了风味。

现在完成的叫作荒节。

打磨成裸节

再经过阳光暴晒。

并彻底洗去表面真菌。

经过多次重喷菌、发酵晒干和清洗最后做成的干叫作枯节

将鱼肉摆放整齐后，浸入水中煮熟。

拔去鱼刺

去荒节表面油脂。

现在制成的叫作裸节。

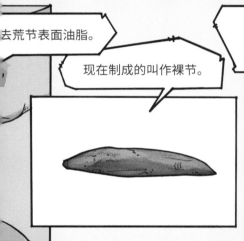

在裸节表面喷洒特定的真菌后，控制温度和湿度进行发酵。

发酵成枯节

鱼肉发酵时，真菌会吸收水分并分解脂肪等物质，从而提升风味。

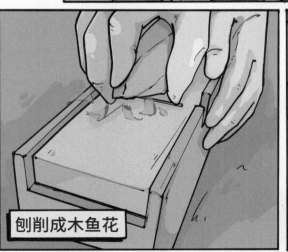

刨削成木鱼花

可它也不是花呀？

怪不得叫木鱼花！

刨出来的薄片，形似花瓣，所以叫刨花。

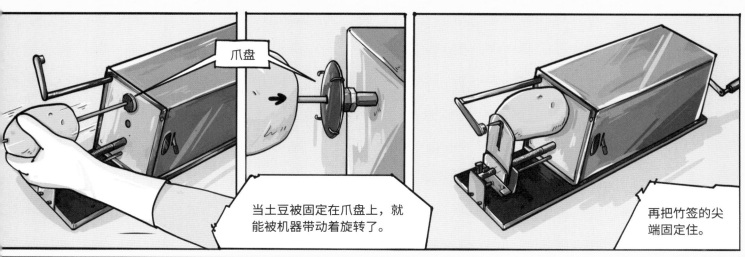

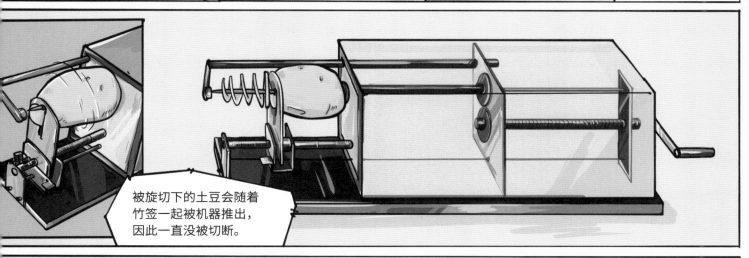

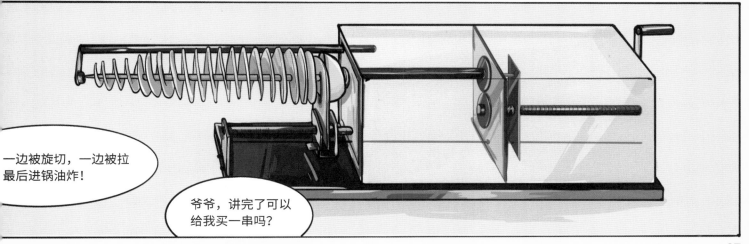

爷爷，汽水里面有弹珠呀！

哈哈，这可不是用来玩的，是用来封气的。

一开瓶跑气，弹珠就会下落，卡在凹陷处。

制玻璃瓶

放入弹珠，拧上塑料瓶盖，再送去灌装和密封。

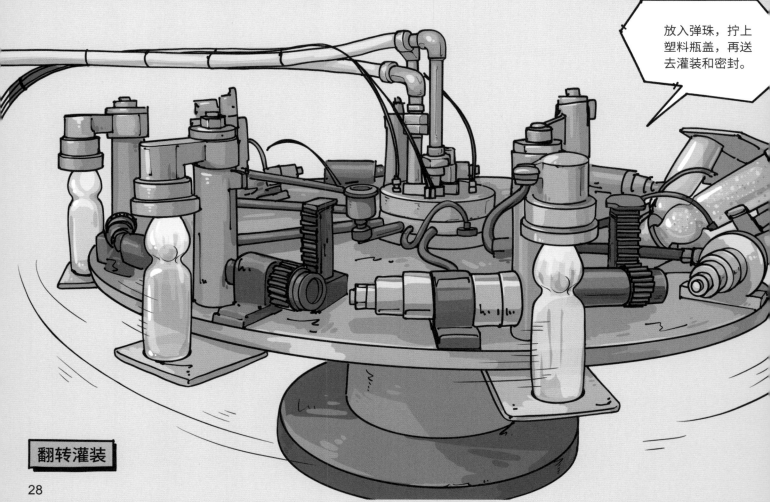

翻转灌装

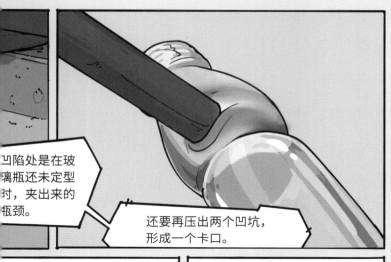

凹陷处是在玻璃瓶还未定型时，夹出来的瓶颈。

还要再压出两个凹坑，形成一个卡口。

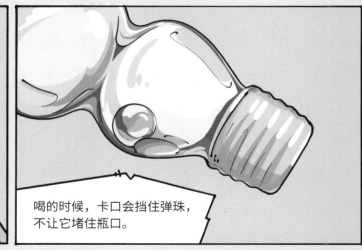

喝的时候，卡口会挡住弹珠，不让它堵住瓶口。

灌入汽水。

当瓶子被翻转时，弹珠会落下封上瓶口。

摇晃时，二氧化碳气体会从汽水中跑出，从而顶住弹珠。

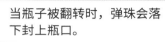

等汽水瓶被翻转回来，瓶口已经被弹珠堵严实了。

饮用方法

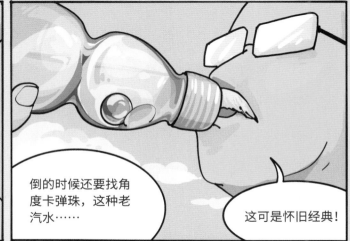

倒的时候还要找角度卡弹珠，这种老汽水……

这可是怀旧经典！

其实我最想知道，经典的蛋卷冰激凌是怎么做的！

冰激凌的制作

均质机通过
压击打，冰
肪颗粒打得
细小，让乳
均匀分散在
激凌液中。

蛋卷的制作

在搅拌机中倒入水、面粉、鸡蛋、糖、植物油等原料。

烤制饼皮

将定量的面糊倒在有网格的烤盘上。

脂
脂奶粉
定剂
化剂
米糖浆
等

拌原料

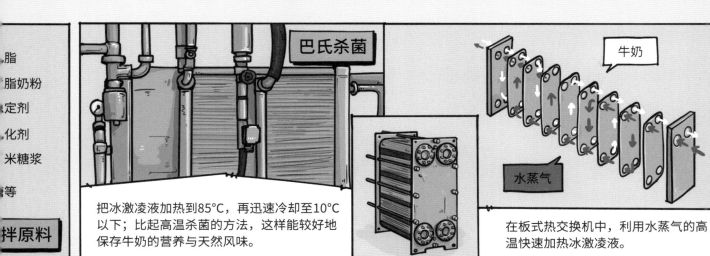

巴氏杀菌

把冰激凌液加热到85℃，再迅速冷却至10℃以下；比起高温杀菌的方法，这样能较好地保存牛奶的营养与天然风味。

牛奶

水蒸气

在板式热交换机中，利用水蒸气的高温快速加热冰激凌液。

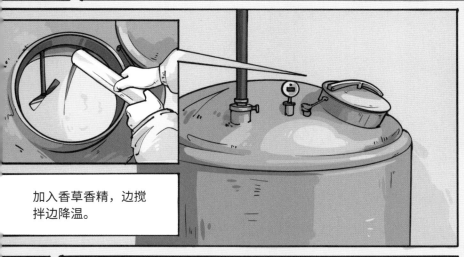

加入香草香精，边搅拌边降温。

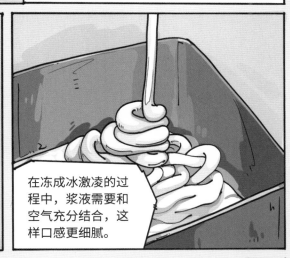

在冻成冰激凌的过程中，浆液需要和空气充分结合，这样口感更细腻。

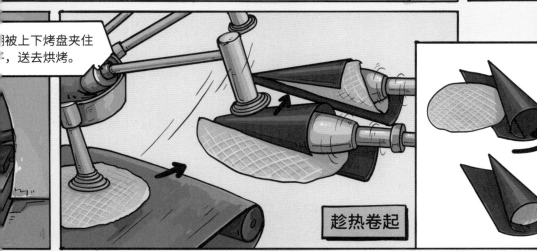

羽被上下烤盘夹住
，送去烘烤。

趁热卷起

冷却成型

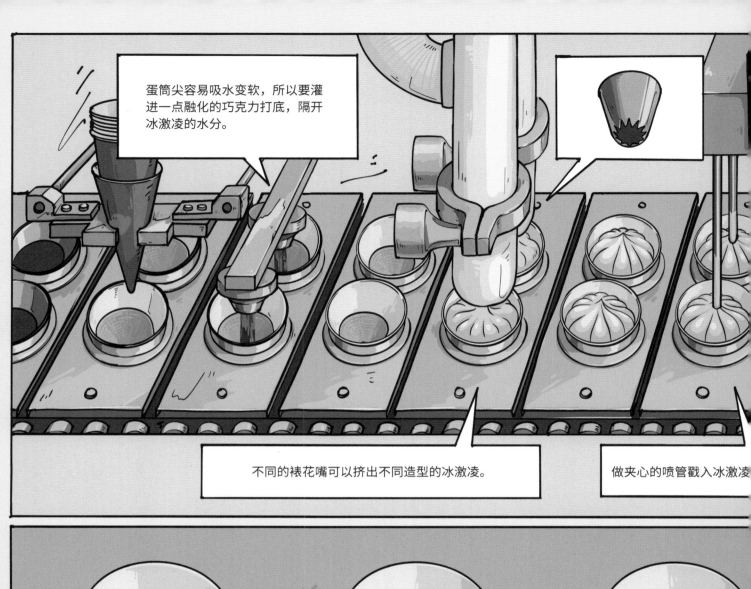

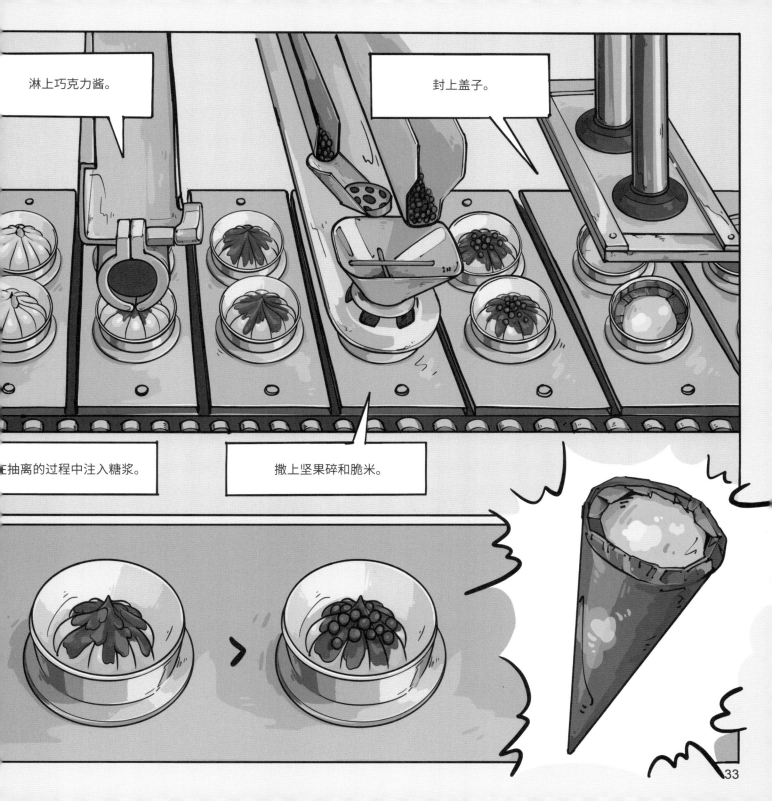

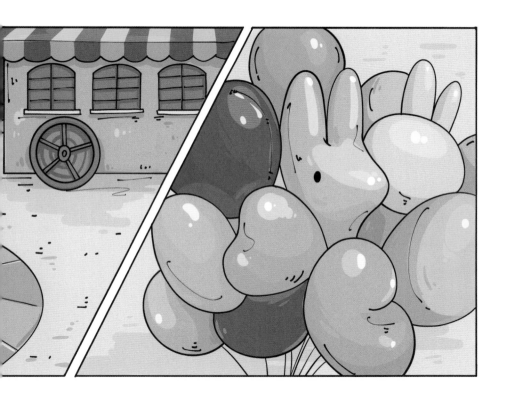

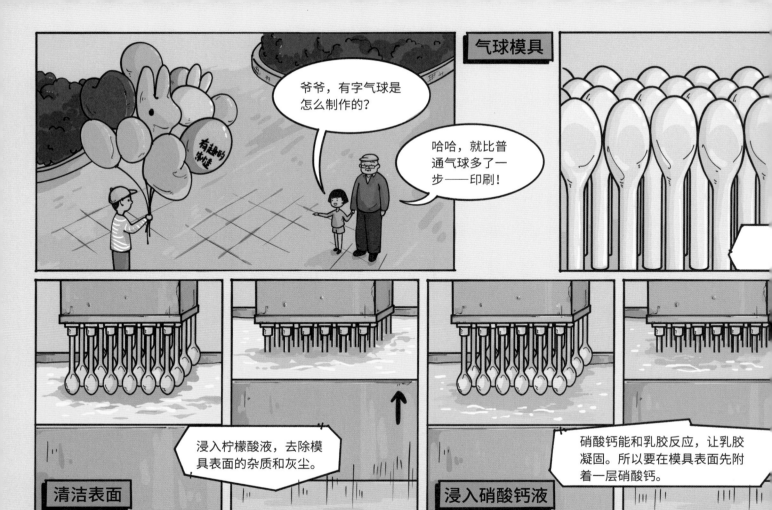

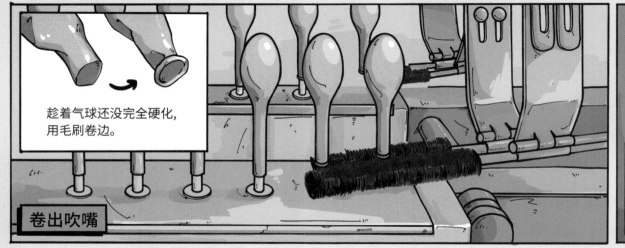

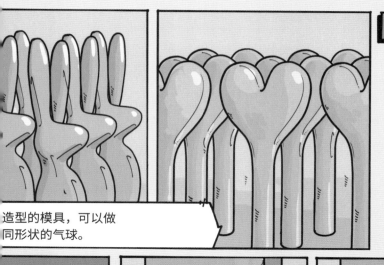

造型的模具，可以做
同形状的气球。

在乳胶中加
入硫化剂和
颜料，边加
热边搅拌。

烤箱烘干水分，
成硝酸钙薄膜。

乳胶跟附着在模具表面的硝
酸钙反应，就成了气球。

浸入乳胶液

再次加热，让
气球初步定型。

气球脱模

为了让气球
与模具分离，
从底部吹气
形成空隙。

同时用辊
筒迅速地
卷走气球。

印上图案

有趣的
制造

气球上的图文，是先把气球吹大
后，再印上去的。

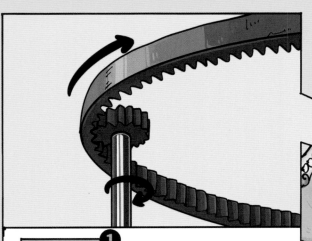

舞台旋转 ①

木马被固定在大舞台上。而大舞台的旋转，靠的是中间的电机在带动齿圈。

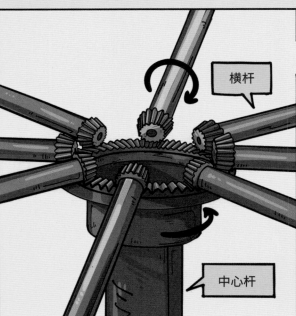

横杆

中心杆

横杆也在转 ②

让每一个木马动起来，靠另外一套齿轮组合。只需要转动一根中心杆，就可带动所有的横杆。

爷爷，木马一边旋转，还一边起伏，这是怎么做到的呀？

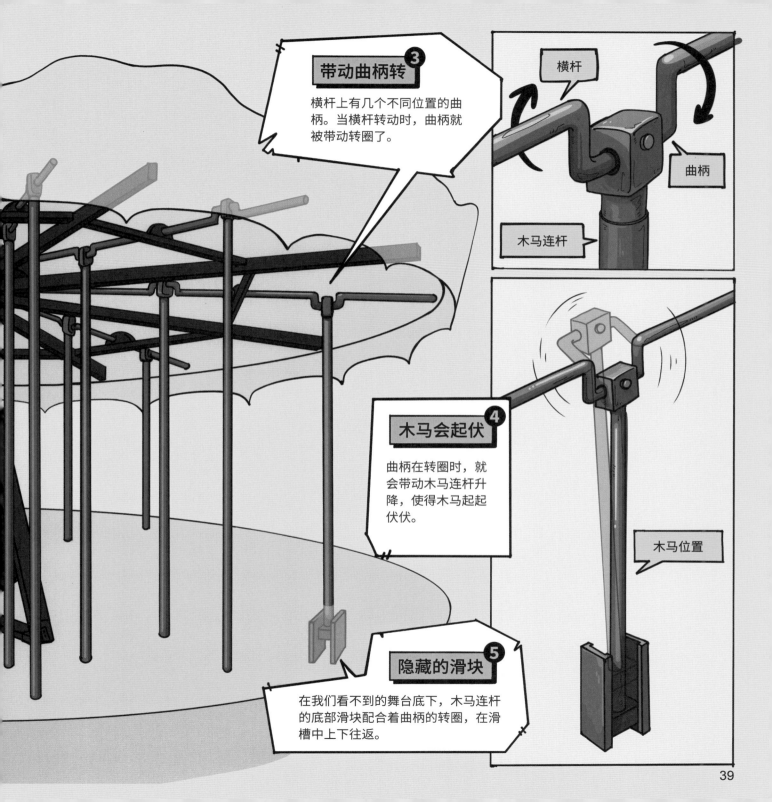

带动曲柄转 **③**

横杆上有几个不同位置的曲柄。当横杆转动时，曲柄就被带动转圈了。

横杆

曲柄

木马连杆

木马会起伏 **④**

曲柄在转圈时，就会带动木马连杆升降，使得木马起起伏伏。

木马位置

隐藏的滑块 **⑤**

在我们看不到的舞台底下，木马连杆的底部滑块配合着曲柄的转圈，在滑槽中上下往返。

哈哈，打的其实是
二氧化碳气体。至
于怎么打……

爷爷，可乐里的气，
是怎么打进去的啊？

调配糖水

可乐工厂用的是现
成的浓缩糖浆，这
配方至今还是商业
机密。

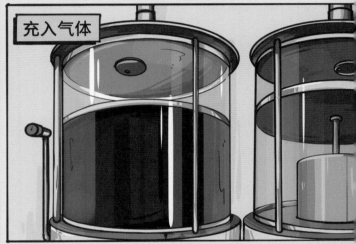

充入气体

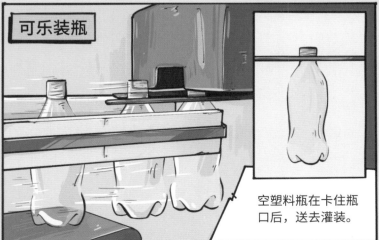

可乐装瓶

空塑料瓶在卡住瓶
口后，送去灌装。

影响口感，可乐用水需要过
中的杂质和金属离子。

水净化处理器

水

糖

浓缩糖浆

混合稀释后的糖水，
还需要充气，才会制
成可乐。

将糖水冷却，
再转移到碳化
水箱中充气。

温是为了溶
的二氧化碳。

1. 将糖水输送到碳化水箱中。

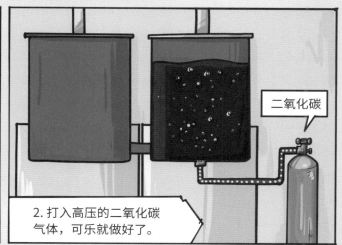

二氧化碳

2. 打入高压的二氧化碳
气体，可乐就做好了。

沿着内壁灌入可乐，
尽量减少液体震荡。

乐里的二氧化碳受热会
逸，所以灌装时，温度
要控制得比较低。

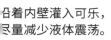

迅速灌入可乐，
再拧上瓶盖密封。

这种现打饮料机，
里头是装了一大瓶
的可乐吗？

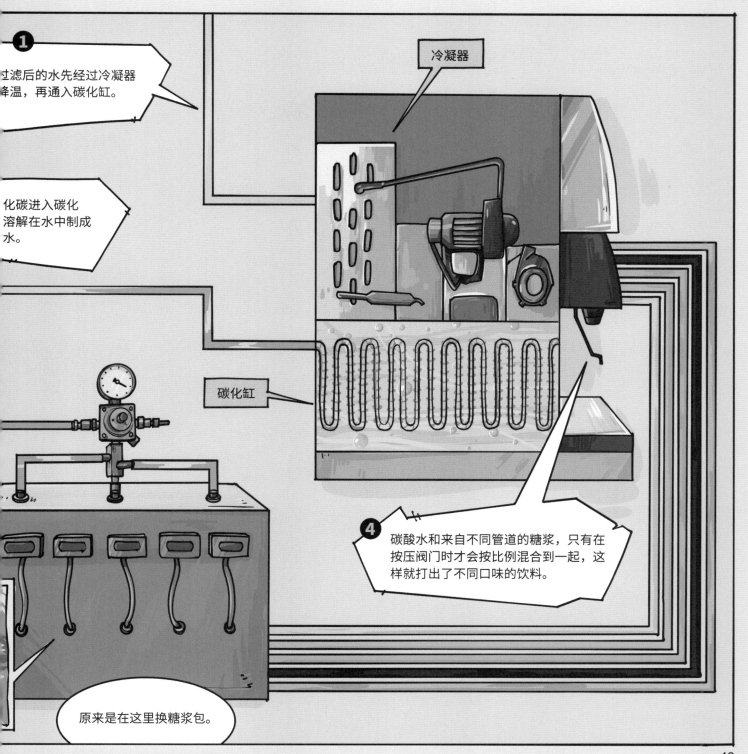

组装船只

爷爷，这船是怎么装进瓶子里的？

别看整个船大，但只要船身能塞进瓶口，就能做出瓶中船。

立起桅杆

每根桅杆都被几条细线控制着。

当拉动细线时，桅杆就能立起。

瓶中扬帆

把橡皮泥塞入瓶中，压出高低起伏的波浪形状。

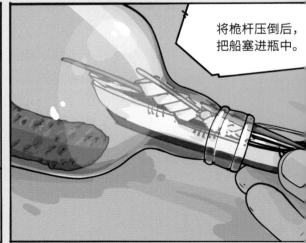

将桅杆压倒后，把船塞进瓶中。

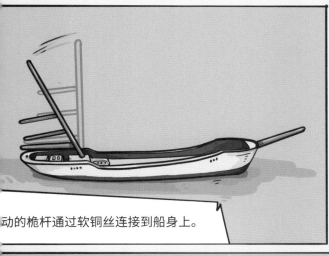

动的桅杆通过软铜丝连接到船身上。

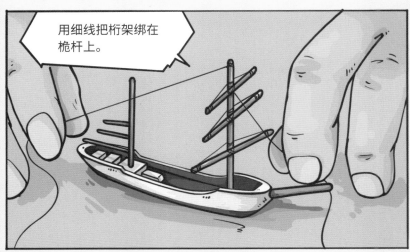

用细线把桁架绑在桅杆上。

粘贴风帆

拉紧桅杆，用胶水把风帆贴上。

船就做好了。

用胶水固定住船底后，拉动细线，瓶中船就立杆扬帆了。

烫断线头，拧紧瓶盖，封火漆蜡，完工！

爷爷，这么可爱的海豚，你是不是也很喜欢？

那你挑一个当纪念品吧！

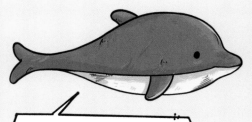

制作一个毛绒玩具，得先设计出造型，再按部位分成不同的裁片。

拼缝整体

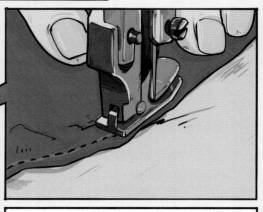

将各裁片拼接缝合，只留出一个开口。

填充内芯

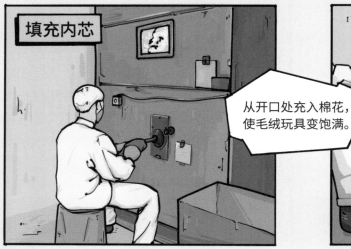

从开口处充入棉花，使毛绒玩具变饱满。

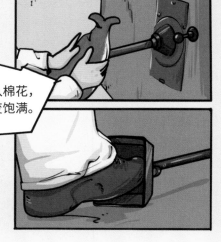

最终缝合

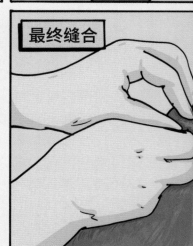

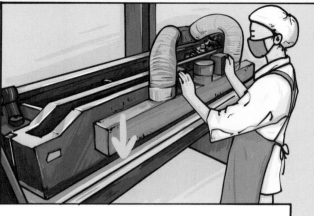

不同的模具对应不同的裁片，平铺在布料上，一冲压就裁出对应部位了。

在预留的海豚眼部，固定上塑料眼珠。

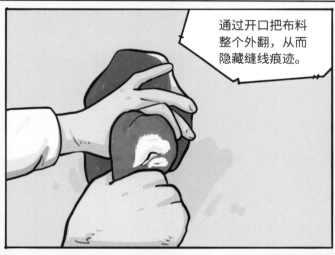

通过开口把布料整个外翻，从而隐藏缝线痕迹。

尾巴和鳍的边边角角，就借助小短棍做整理。

巧妙地把开口缝上，并隐藏住针脚，毛绒玩具就做好了。

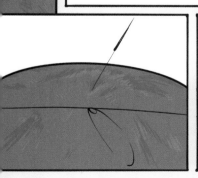
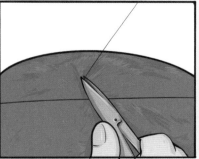

那我们就打道回府？

玩得真开心，有点舍不得！

47

创作者说

在文明与科技越发进步的现代，我们每天享受着日常的便利，但却很少会去注意，这些生活中触手可及的物品其实每一件都历经迭代，蕴含着人类思考和实践的智慧。

比如你正在阅读的这段话的载体，可能是纸质图书中的一页，也可能是电脑的液晶显示器，还可能是智能手机的屏幕，那图书是怎么印制出来的？显示器和手机屏幕又是从何而来？你端起了手边的茶杯，这又是怎么从黏土变成的瓷器？你推了推眼镜架，不禁思考起镜片为何如此剔透……

我们正逐渐失去对真实世界最直接的感知，"知其然，不知其所以然"的境况在蔓延，并悄悄吞噬着人类的好奇。假如对日常生活不假思索地抱有理所当然的态度，便会迷失在种种唾手可得的"结果"里。怎样才能激活我们对现代生活另一层的丰富感知、重建对世界的热忱与好奇呢？

那就要重新发现"过程"的意义，这正是这套书希望做到的。

这套书的创作过程，最初源于两个问题：我们想让自己的孩子怎样认识世界？应该陪孩子共读一本怎样的书？后来我们形成了一个共识：不仅是孩子，成年人对生活的好奇，也不会因为年岁渐长而消失，而是累积成记忆深处的"童年迷思"。过去五年，我们在"有趣的制造"公众号上收集着大朋友和小朋友散落的好奇心。正是基于这些积累，这套书会揭秘生活中常见物品的制作过程，展现令人意外和惊喜的生产过程。

我们希望提供一个关注过程的独特视角：挖掘常见事物中不常见的那一面，激起对日常的疑问，延续对生活的好奇。重要的是，让大家在解除困惑的同时，收获"原来如此"和"竟然这样"的惊喜与快乐，获得一种基于逻辑的趣味，进而培养一种独特的研究能力——通过知悉制造去学习如何创造。

我们用漫画的形式去表达物品的制造流程，是为了让硬核的内容足够有趣。漫画是互动的艺术，它可以让我们去自行联想下一场景的动作；它也适合在静态画面中表现动态场景，正适合流水线上的生产；它也能通过连续的画格展现出某个动态的发生过程和场景的转变。在内容的安排上，我们尽量在每一对开页展示一个物品的生产过程，且颜色也与该物品本身相关联，使阅读更加场景化。同时，每一篇尽量搭配不同色调，也能明确划分不同物品的生产流程，使每一次的翻页都带来新鲜感。

这套书是我们思考"世界要往何处去"的一次实践，献给所有对世界充满好奇的人。它表面上展现不同物品的制作过程，实际上带你发现日常生活的一个隐秘层面，帮你建立起和世界的联系，这才是我们认为的"有趣"。期待你在阅读中感到愉悦和兴奋，不知不觉间收获新知和启发。

金妙　滕意　月婷

2022年11月

特别感谢参与上色工作的插画师

周羽萱　吴雨霏

愿意和我们一起推进这本书的面世

— 著者 —

我怎样展现常被忽视的"过程"的意义呢？就是这本书诞生之初的灵感：一场有关来龙去脉的设计，一种以趣味激活的生活隐藏图景。

张金妙

机械设计学士，伦敦大学金匠学院 (University of London, Goldsmiths) 实践设计硕士。正在探索跨媒介创新的可能性（教育、游戏、图像小说等）。

不过我发现，追寻物品制作背后的真相就像调查的过程，大大满足了我的探究之心。希望这本书也能满足大家的好奇心。

滕 意

本科学自动化，硕士学电子。小时候想当侦探，长大也努力过了法考，却还在继续当上班族。

— 绘者 —

想用画笔向所有人展示工业的趣味，便有了这次艺术与制造结合的美学实践。原以为"制造"是重点，其实"有趣"才是，都在画里了。

何月婷

毕业于中国美术学院工业系。看天气拍照的摄影爱好者，看心情画画的插画师，靠手艺吃饭的设计师。

图书在版编目（CIP）数据

旅途好惊喜 / 张金妙，滕意著；何月婷绘 . -- 北京：中信出版社，2023.2（2023.4 重印）
（有趣的制造）
ISBN 978-7-5217-4859-8

Ⅰ.①旅… Ⅱ.①张…②滕…③何… Ⅲ.①自然科学—儿童读物 Ⅳ.① N49

中国版本图书馆 CIP 数据核字（2022）第 204374 号

旅途好惊喜
（有趣的制造）

著　　者：张金妙　滕意
绘　　者：何月婷
出版发行：中信出版集团股份有限公司
　　　　　（北京市朝阳区东三环北路27号嘉铭中心A座6层　邮编　100020）
承　印　者：雅迪云印（天津）科技有限公司

开　　本：889mm×1194mm　1/20　　印　张：2.8　　字　数：90千字
版　　次：2023年2月第1版　　　　　　印　次：2023年4月第4次印刷
书　　号：ISBN 978-7-5217-4859-8
定　　价：39.80元

出　　品：中信儿童书店
策划编辑：张慧芳　李镇汝
责任编辑：张慧芳
营销编辑：赵诗可　胡宇泊
装帧设计：韩莹莹